超級工程 MIT 03

觸碰天際的台北 101

文　　黃健琪
圖　　吳子平

社　　長　　陳蕙慧
副總編輯　　陳怡璇
特約主編　　胡儀芬、鄭倖伃
審　　訂　　謝紹松
行銷企畫　　陳雅雯、尹子麟、余一霞
美術設計　　鄭玉佩

出　　版　　木馬文化事業股份有限公司
發　　行　　遠足文化事業股份有限公司（讀書共和國出版集團）
地　　址　　231 新北市新店區民權路 108-4 號 8 樓
電　　話　　02-2218-1417
傳　　真　　02-8667-1065
Ｅｍａｉｌ　　service@bookrep.com.tw
郵撥帳號　　19588272 木馬文化事業股份有限公司
客服專線　　0800-2210-29

印　　刷　　凱林彩色印刷股份有限公司
2021（民 110）年 1 月初版一刷
2024（民 113）年 7 月初版十一刷
定　　價　　450 元
Ｉ Ｓ Ｂ Ｎ　　978-986-359-866-4

特別感謝：台北 101 協助採訪諮詢，及提供圖照。

國家圖書館出版品預行編目（CIP）資料

超級工程 MIT. 3, 觸碰天際的台北 101 / 黃健琪文 ； 吳子平圖.
－ 初版，－－ 新北市 ； 木馬文化出版 ； 遠足文化發行，民 110.01
面； 公分
ISBN 978-986-359-866-4（平裝）
1. 建築工程 2. 通俗作品
441.3　　　　　　　　　　10902165

超級工程
03
MIT

觸碰天際的
台北
101

文／黃健琪　圖／吳子平

508m

　　台灣最具代表性的偉大工程，對每個人來說各自有呼應的心情與故事，但這些故事主要來自情感面的投射。

　　然而，《超級工程MIT》系列則是從科學、技術、人文、甚至環境的角度來說出工程本身的故事，雖然資訊量不少，但透過編排設計，幫助讀者建立與自己生活更深度的連結，發展出不同的探索方向，隨著文本的閱讀，時而讚嘆、時而思考、時而會心一笑，趣味無窮。

　　2019年是莫拉克風災十周年，當年五月「科普一傳十」製作特輯介紹，在「重建有溫度的家」那集，訪問了莫拉克颱風災後重建委員會執行長陳振川教授，他也是台灣的土木專家，在訪談中他特別提到橋梁在重建工程中的意義與重要性，如何用橋聯結、修補破碎的土地，幫助災民重建家園，還有橋梁工程的挑戰與人文重點等等。受限於節目時間，沒有辦法談的太詳細，當得知本系列有斜張橋的專書介紹時，感覺彌補了這個缺憾。

　　書本內容呈現活潑，沒有工程冰冷的印象，反而相當有溫度，從高屏溪斜張橋的歷史緩緩道來，接著進入橋梁的科普常識，最後介紹斜張的科學獨特性。讀完本書，除了了解台灣土地上偉大的橋梁建築外，亦對世界橋梁有基礎的認識。

而雪山隧道工程素有「雪山魔咒」之稱，光看字面就知道其挑戰與難度。當年雪隧通車時，我就曾以此為題製作成教案，帶入校園與孩子分享，當時都是自己收集的內容，不像本書如此圖文並茂，本書的問世的確是眾望所歸。雪隧工程的困難主要來自台灣特殊的地質結構，國外的經驗只能參考，無法類比應用，重重難關都只能靠台灣的工程師摸索克服，瞭解其中血淚史，每次通過雪山隧道都充滿讚嘆與感恩，也更加思考人類作為與大自然的共生之道。

　　台灣的環境風險高，颱風、地震多，人口密度又在世界名列前茅，這些都是台灣工程的大挑戰；然而，如何克服這些困難，就是台灣可以貢獻世界的智慧。從另一個面向來看，透過了解這些 MIT 超級工程，我們會發現，現在沒有任何一個問題可以在單一領域解決，尤其面對未來環境變遷等不確定因素，如何透過跨領域的學習與合作，則是這個世代必須掌握的關鍵能力。

　　非常榮幸推薦「超級工程 MIT」系列，祝福所有的讀者閱讀愉快。

大愛電視台地球證詞　主持人

何佩玲

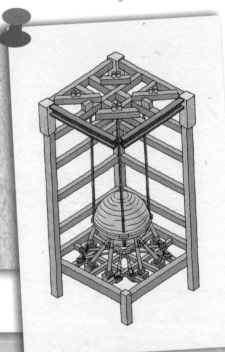

最期待的事：每個人都認識台灣超級工程

一座偉大的建築不只是展現創新的設計與施工技術，還需要能代表當地的文化、考量使用者的便利與安全，以及管理者的營運與維護。

完成《跨越高屏溪的斜張橋》的報導後，問問認為台灣超級工程的名單裡，不可缺少的還有台灣第一高建築、世界最高綠建築的台北 101。「它也是台灣的象徵之一，如果只知道台北 101 的高度、電梯的速度……身為台灣的記者，也未免太遜了吧！」問問這樣想著，於是她來到台北 101，準備好好認識它。

正好台北 101 跨年煙火已經開始前置作業，問問也打算趁此機會，去詢問關於煙火施放的祕密。採訪前，問問還回顧了歷年台北 101 跨年的精彩煙火表演，讓她非常期待這次的採訪。

特別的台北 101 跨年煙火秀

2004~2005 年：台北 101 首次施放煙火。以大樓燈光由下往上逐層熄滅的方式倒數跨年，並施放 35 秒的煙火秀。

2010~2011 年：中華民國建國百年慶典，煙火秀共施放 288 秒、3 萬發煙火，為歷年最多發。

2012~2013 年：透過影音平台，與全球 150 個國家同步播出實況。由設計過千禧年巴黎艾菲爾鐵塔，還有杜拜哈里發塔等跨年煙火的法國團隊設計。

低空煙火

＊台北 101 的煙火表演都是使用低空煙火，煙火花束在發射同時就引燃，釋放出各種顏色光芒。

2016~2017 年：首度結合燈光與煙火交互展演。本次引進 500 瓦電腦燈，共 800 盞，並搭配近 2 萬發煙火，238 秒的演出讓現場觀眾驚呼連連。

2017~2018 年：史上最長的 6 分鐘演出。

2019~2020 年：煙火設計突破單管煙火限制。在同一個單管煙火內，可以同時呈現兩種型態、三種色彩煙火，使煙火的變化效果更多樣。

2020~2021 年：整合燈光、音樂、煙火和點燈，以 360 度全景視角整體規畫，全新推出「360 度立體特效輪狀煙火」，創造四面立體煙火噴射的震撼效果。

＊在摩天大樓上放煙火的主意，到底是誰想出來的呢？

整理至此，問問心裡不禁生起好多個問號：一般的煙火都是在地面上放置並施放，這麼高的一棟大樓要怎麼施放煙火？要是放煙火時，不小心讓大樓發生火災怎麼辦？超高大樓其實並不是為了放煙火存在的，那為什麼要蓋一棟這麼高的大樓呢？台灣有地震又有颱風，超高大樓是怎麼克服這些問題的？問問從放煙火開始，聯想到好多關於超高大樓設計及建造的問題，她把心裡的問題都記錄了下來：

　　「這裡以前都是荒地呢，沒想到現在都是高樓大廈了。」一位老先生說。

　　來到觀景層的人們看到的不只是現在的台北市，還看到他記憶中的台北，然後細數著他知道的變化。問問還看到來到這裡的孩子居高臨下，俯瞰大地滿臉的驚喜，她知道這會兒，孩子們心中冒出來的問題一定跟問問一樣多。

　　「沒錯，台北 101 不只是世界級的摩天大樓，它還是台灣人的記憶與生活。」

　　和工作人員約訪的時間到了。問問離開觀景台，把手中的筆記本打開，她即將揭開台北 101 的祕密……🚀

一定要問的問題

Q：台北 101 附近車水馬龍，人潮洶湧，煙火表演有沒有危險？

Q：煙火和燈光設置在哪裡？

Q：如何在大樓上點燈打字？

Q：大樓發生火災怎麼辦？

Q：遇到強風時，大樓都會晃動；聽說大樓裡有一個鎮樓之寶——風阻尼器，可以幫助大樓減緩搖晃，那是什麼？

Q：聽說台北 101 有座電梯從 5 樓到 89 樓只需要 37 秒，時速比街上的汽車還快，這是怎麼辦到的？

Q：對了！大樓玻璃帷幕的面積這麼大片，到底要怎麼清潔？超想要知道！

Q：台北 101 獲得美國綠建築的最高認證，建築要怎麼做到環保呢？

Q：台北 101 這麼高，地基一定也很深，會到地下幾公尺呢？
（我想和高屏溪斜張橋比較一下。橋塔的基礎有 37 公尺深呢！）

追求世界最高的紀錄

現在大家熟知的台北101，一開始並不是設計成101層，而只有66層。

1990年代初期，台北市政府希望金融機構進駐台北市信義區。不過，要興建一座大型的公共設施，需要花費鉅大的費用與時間，因此14家企業組成了「台北金融大樓股份有限公司」，向台北市政府取得信義區一塊土地的使用權，共同開發「台北國際金融大樓」，七十年後，再將經營權轉給台北市政府。

台北金融大樓股份有限公司原本的規劃，是興建一座66層的摩天大樓，加上兩座20層大樓。後來經過各種考量，從77層樓改成88層，又增加成99層、100層，最後決定再加一層，101層，除了圓滿完美，還要更上一層樓，具有追求突破與創新的意義，而且0與1象徵這棟樓將是數位化時代的開始，並在完工後成為世界第一高樓！

建造摩天大樓要考量的問題

＊台北101從66層樓改為101層樓後，高度從290公尺，一下竄升到508公尺，讓管理飛航安全的民航局人員嚇了一大跳，因為如此一來就有可能會影響飛航安全。此外，還有其他的問題：

Q：每年夏天，台灣會受到颱風影響，摩天大樓必須能抗強風。

Q：台灣位於地震帶上，預防強震應該納入設計裡。

Q：超高建築的火災防範，應該比一般建築更加嚴謹。

Q：摩天大樓與腹地的規劃，必須注意氣流、日照和交通的問題。

Q：摩天大樓的高度和飛航安全有關係嗎？

松山機場的飛航路線要修改才行。

民航局人員

台灣有一座世界第一高樓，太棒了！

市長

100+1，更上一層樓，完美！

企業代表

想不到摩天大樓要和飛機爭天空的地盤……

城市中有機場，建築物的高度就要很注意！

小木馬日報

1997 年 7 月 27 日

市政府和各大企業合作開發世界最高大樓！

宏國建設等 14 家企業組成的團隊，取得了「台北國際金融大樓」的建築物地上開發權，希望「建造一棟可以流傳後世的大樓」，讓台灣在全世界能夠被看見。這個政府與民間攜手開發的大型 BOT 案，受到全國的注目。

什麼是 BOT？

❶ 興建（**B**uild）：政府和企業合作興建台北 101。

❷ 營運（**O**perate）：交給企業經營。

❸ 移◦轉（**T**ransfer）：70 年後，企業將台北 101 歸還給政府。

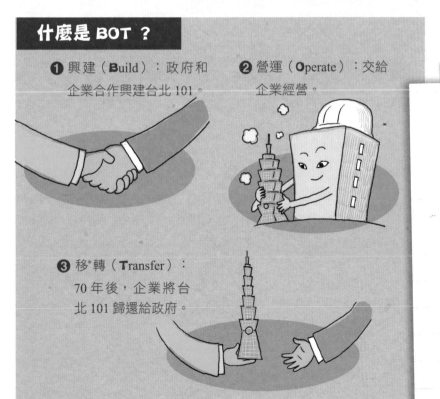

BOT 的好處

☑委由私人企業出資建設，政府資源分配能更有效益。

☑私人企業建設、經營須投資及承擔風險，因此有經營權利上的優惠。

☑私人企業經營變化較多，品牌形象多元。

15

有「風水」的現代建築

矗立在台北盆地上的台北 101，有人覺得好像一把仙人的寶劍插在地上，有人覺得像一座玻璃寶塔直入雲霄，你覺得台北 101 像什麼呢？

設計台北 101 的李祖原建築師，認為要把屬於自己國家的文化融入建築中，所以台北 101 藏有吉祥數字、風水意涵、東方建築技術及借用自然的象徵手法，同時還要以高科技的建築技術，保證超高建築結構的穩定與安全，以及建材與設施運作達到環保的目的。

什麼是風水？

風水是古人對於居住空間所累積的經驗法則，當中也有著科學的依據。例如，坐北朝南的探光和通風，是人們感到舒適的生活空間。

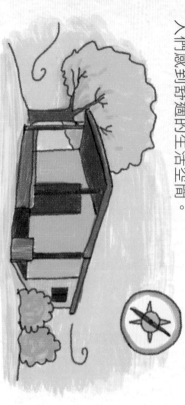

李祖原建築師的台北 101 設計圖

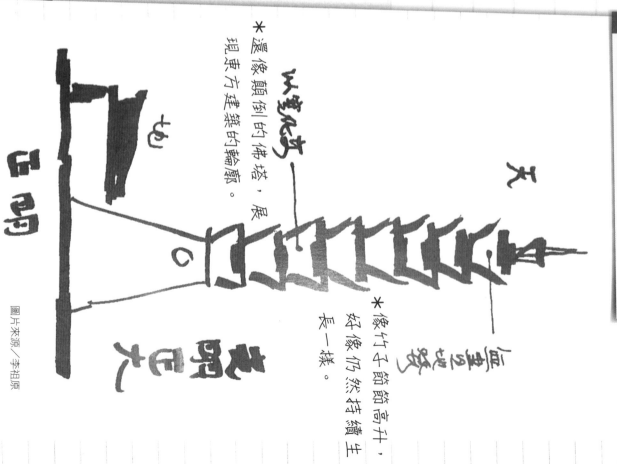

* 還像顛倒的佛塔，展現東方建築的輪廓。

* 像竹子節節高升，輕像仍然持續生長一樣。

以寶化為
天
地
正明

圖片來源／李祖原

方孔古錢：財源廣進。

吉祥數字「八」

台北 101 的設計是以一節八層樓形成的斗形結構連結而成的。「八」象徵繁榮興盛的「發」，是東方的吉祥數字。

如意 ◀

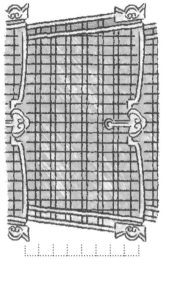

圖片提供／台北 101

階梯狀 W 角燈，每天與頂冠呈現不同的七彩顏色。

世界第二風阻尼器的懸吊處在第 92 層，往下垂吊至第 87 層。

每 8 層一斗的基座向內傾斜，和下一斗交疊形成戶外的消防平台。

盆地周圍的岩壁，來回多次反射，直到地震波的能量全部消失。因此會使人覺得在台北盆地的地震，搖得比較久又晃動得比較明顯。

停止傳播

反射波

盆地土層

岩盤

地震震波

我們在台北會覺得地震強度很大，是因為盆地效應。

耐震設計和地震強度有關

回歸期	耐震設計目標
50 年	建築物在小震之下，結構體能保持在彈性限度內；地震過後，建築物結構體沒有任何損壞。
950 年	建築物在中震之下，建築結構所受到的損害必須是要可修復的。
2500 年	建築物在大震之下，至少能維持不倒塌。

本地震回歸期指的是預期再度發生地震的間隔時期，年數越多，表示可能造成的破壞性越強。

台北101位在台北市信義區,包含一座裙樓及一棟超高塔樓,樓高508公尺,是台灣最著名的景點和地標。

台北

地震帶上的超高建築

台灣位於地震頻繁的位置上,擁有類似地理條件的日本、菲律賓、印尼等都沒有超過400公尺以上的住用建築(通訊塔不算),台北101能夠擁有「地震帶上最高的建築」頭銜,在地質調查上也經過非常縝密的資訊收集與分析,才能設計出防震、穩定的超高建築。

在興建台北101前,地質專家在現場鑽探151個孔,找出地底下岩盤的深度與土層樣貌。並由國家地震工程研究中心建立了大小不同的模型,來模擬地震發生時,大樓可能發生的情形。雖然超級強烈的地震波,不見得會發生,但只要發生一次,就可能會對台北101造成垂直、水平或扭轉的衝擊。

小木馬日報

記者/郝蕙茶　2019年4月18日

台北101風阻尼器擺盪達20公分,歷年地震最大!

今日下午1點01分,花蓮發生芮氏規模6.1地震,台北震度也高達4級,而台灣最高建物台北101當中,用來防風的風阻尼器擺幅達到20公分,是歷年發生地震的最高幅度。

專家表示,台北101所在的台北盆地,地質鬆軟,當發生地震時,只要地震波的能量充足,地震波就能經鬆軟地質,到達

世界最美的摩天大樓

樓高 508 公尺的台北 101，在 2004 年 12 月底開幕時，成為世界最高的摩天大樓，並持續了 5 年多，直到杜拜的哈里發塔完成。當時除了高度，台北 101 還締造「可參觀的最大風阻尼器」、「速度最快的電梯」的紀錄。2015 年被全球最大的新聞媒體——BBC 評選為世界最美的八大超高建築之一。2019 年更獲美國「世界高層建築與都市人居學會」（CTBUH）頒發「全球 50 最具影響力高層建築」。

像一座東方寶塔一樣，太美了！

我倒豎得像一根竹子呢！

通訊塔尖：
508 公尺

101RF
（Skyline 天際線 460）
第 101 層：
層峰（448 公尺）

第 92-100 層：通訊層

第 91 層：戶外觀景台

東方建築元素

如意和祥雲：吉祥如意。

龍：變邪。

每年的跨年的重頭戲——煙火

表演，會視設計意涵而另外架設

T-PAD 燈網，藉由電腦控制，結

合燈光、動畫和音樂做表演。

圖片提供／台北 101

* 地面上蓋這麼高的建築，地

底下的地基又該有多深呢？

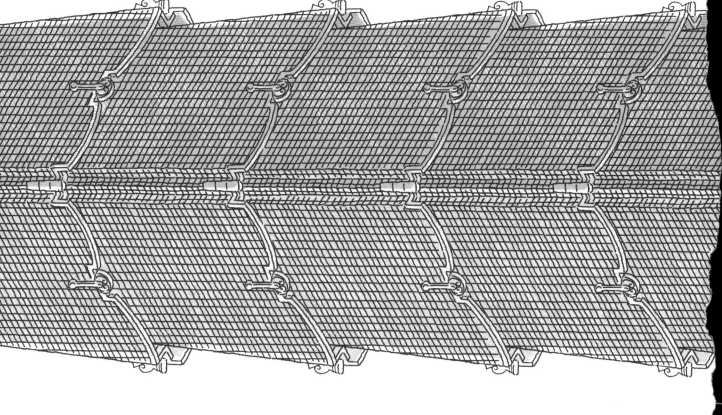

第 59-60 層：

台北 101 上會出現點燈

打字，是位在此層的窗

戶上。

第 58 層：

施放煙火的控制台，

就是在此樓層。

塔樓：

商業辦公大樓

50 年，中度地震從 750 年加強到 950 年！

厲害了。

台北 101 還有很多厲害的法寶，一起來看看吧！

鋼骨巨型結構

每 8 層一斗之間以外伸桁架將外柱與內柱連結。

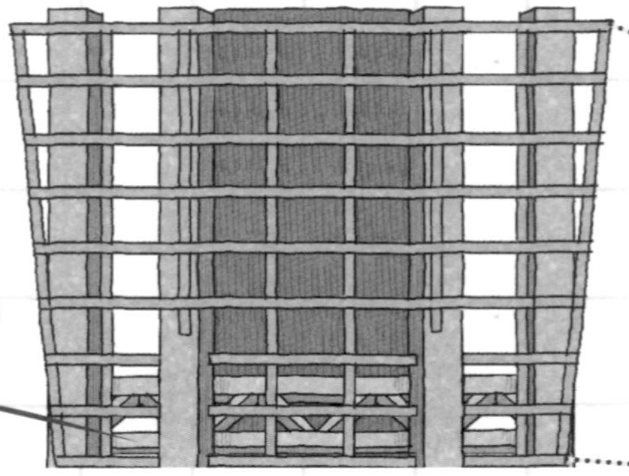

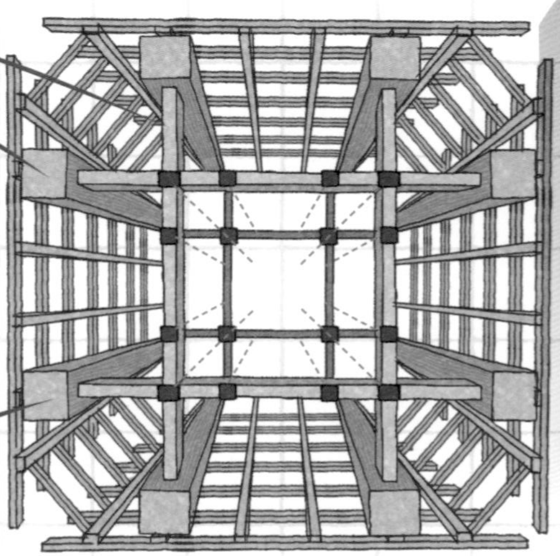

桁架 ▶

巨柱 ▶

高強度箱型鋼柱形成堅固的骨架，以 8 根巨柱作為骨幹。

8 公分厚的鋼骨組成箱型，內部再灌注高強度混凝土

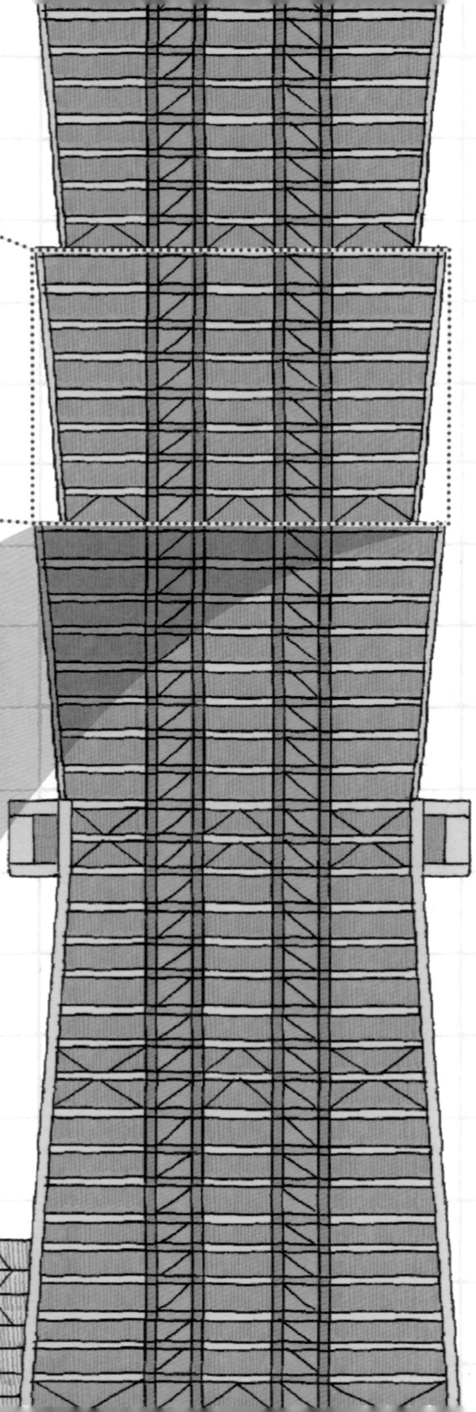

裙樓

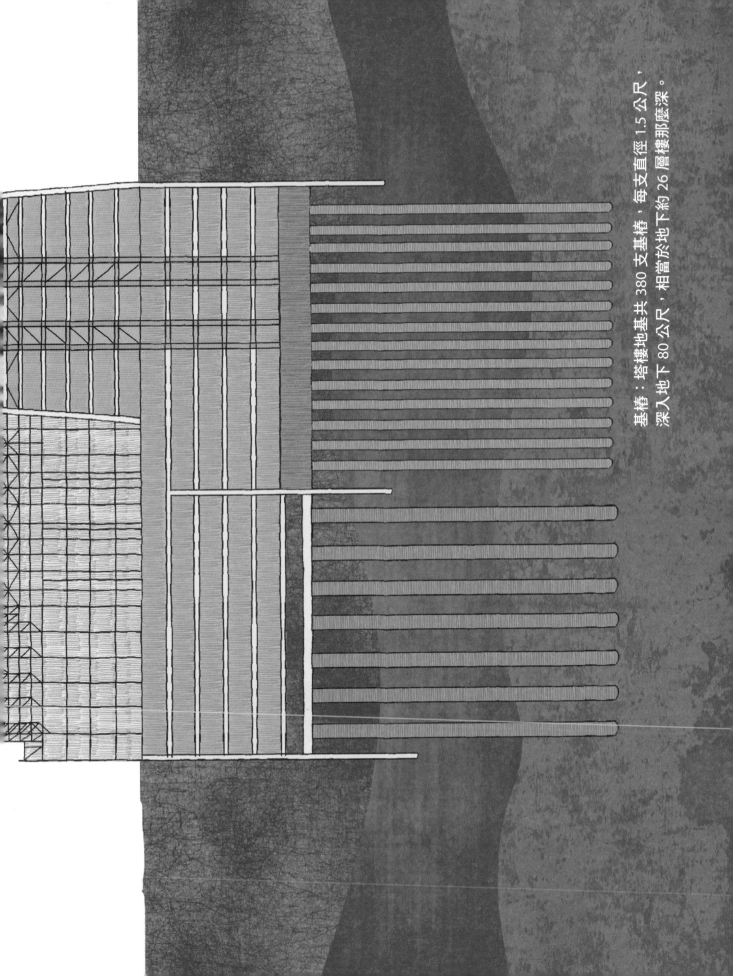

基樁：塔樓地基共 380 支基樁，每支直徑 1.5 公尺，深入地下 80 公尺，相當於地下約 26 層樓那麼深。

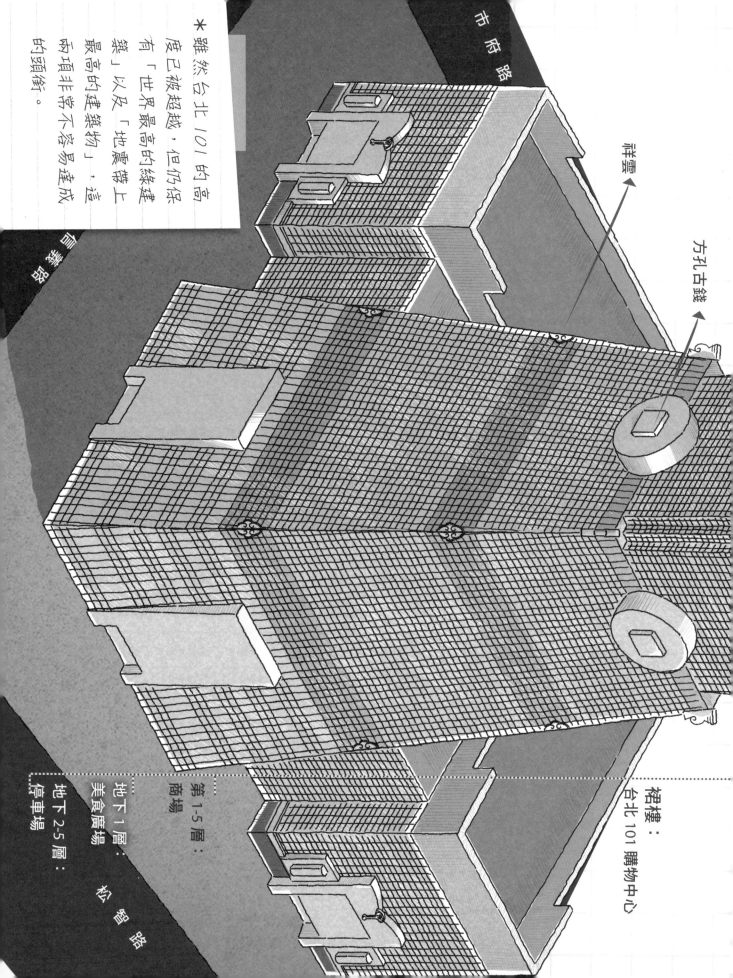

★雖然台北101的高度已被超越，但仍保有「世界最高的綠建築」以及「地震帶上最高的建築物」，這兩項非常不容易達成的頭銜。

市府 路

信義 路

松智 路

方孔古錢

祥雲

裙樓：台北101購物中心

第1-5層：商場

地下1層：美食廣場

地下2-5層：停車場

不只地震，還有飛航的問題

為了符合飛航安全，台北101的設計圖一度改為398公尺，但這樣就無法成為世界第一高。在台北市政府、民航局與台北金融大樓公司不斷討論後，民航局將重新規範松山機場的進場程序，規定飛機不再繞場飛行，採直進直出。另外也增加助導航等設施，讓位於航道半徑3公里之外的台北101，減少對飛安的影響。

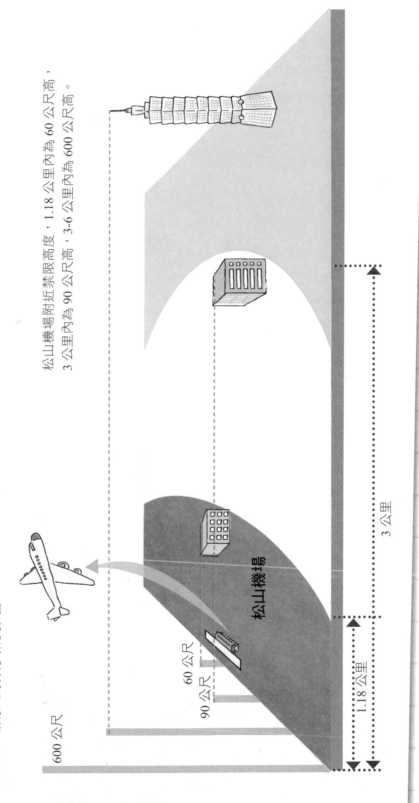

松山機場附近禁限高度，1.18公里內為60公尺高，3公里內為90公尺高，3-6公里內為600公尺高。

600公尺

90公尺

60公尺

松山機場

1.18公里

3公里

台北 101 大 圖解

在鬆軟的地質上蓋高樓

超高建築通常最需要考量的是防風，而台灣位處地震帶，台北 101 又位在鬆軟的盆地上，因此工程師在設計大樓結構時，更是特別講究地基的穩固。

地震可能使地下的土層鬆動，鬆軟的沉積盆地可能因為承載力不足，導致台北 101 沉陷或變形。因此大樓的基礎，必須穿過鬆軟的地層，將大樓的載重直接傳遞到較深的岩層。

台北 101 的地基，有些地方要深入地下 60 公尺（約 20 層樓高），才有堅硬的岩床來承載地上 101 層塔樓與 6 層裙樓的巨大重量。

工程人員花了 15 個多月的時間，才把地基打好。他們在工地挖出約 100 萬噸的土，將每根直徑超過 1.5 公尺的基樁嵌進堅硬的岩床，並在基樁上面灌入厚度達 3 公尺～4.7 公尺（約一層樓高）的混凝土基礎板，以減少台北 101 不均勻沉陷的風險，也兼具防水的功能。

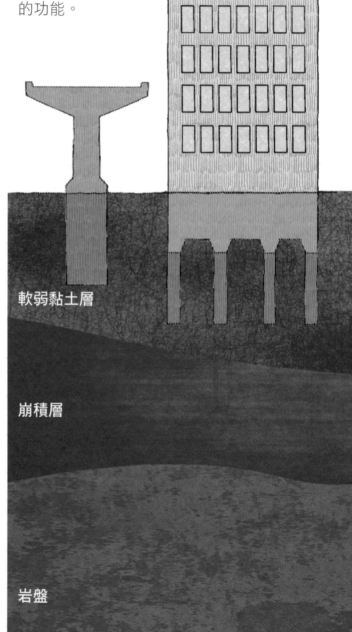

軟弱黏土層

崩積層

岩盤

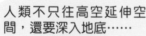

人類不只往高空延伸空間，還要深入地底……

那是為了穩固建築物的地基！

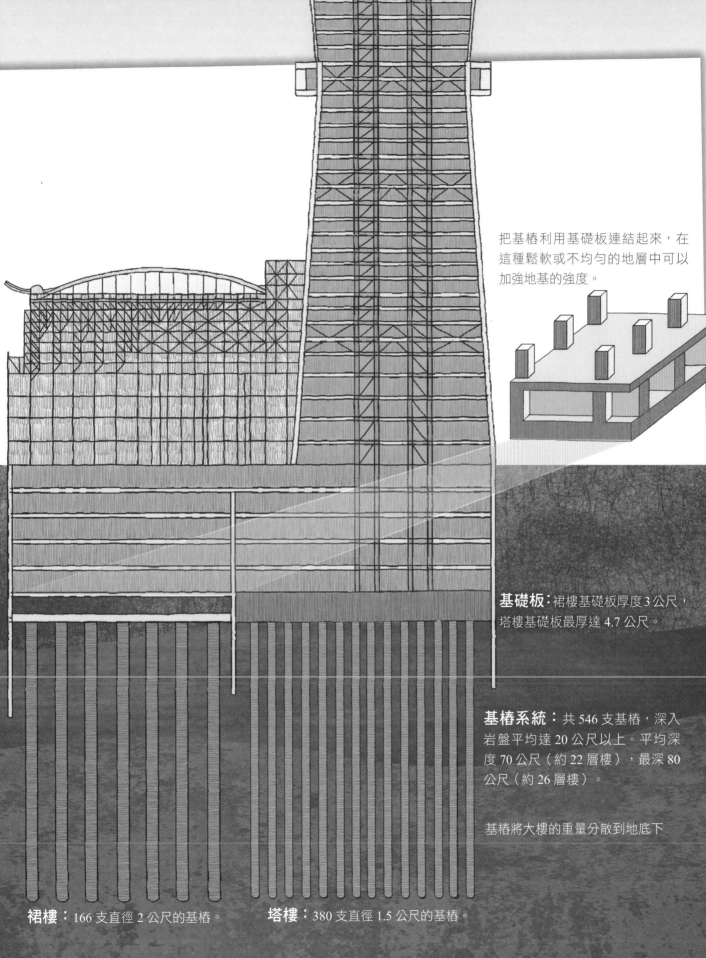

把基礎樁利用基礎板連結起來，在這種鬆軟或不均勻的地層中可以加強地基的強度。

基礎板：裙樓基礎板厚度 3 公尺，塔樓基礎板最厚達 4.7 公尺。

基樁系統：共 546 支基樁，深入岩盤平均達 20 公尺以上。平均深度 70 公尺（約 22 層樓），最深 80 公尺（約 26 層樓）。

基樁將大樓的重量分散到地底下

裙樓：166 支直徑 2 公尺的基樁。　　**塔樓：**380 支直徑 1.5 公尺的基樁。

像竹子一樣柔韌的巨型結構

除了地基穩固，大樓的結構也需要具有耐震和防風的強韌度，建材選擇則以輕量化為考量，減輕大樓的重量。

這個能夠使台北 101 耐震和抵抗高空強風的設計，竟然是從竹節構造衍生出來的「巨型結構」！竹子中空，重量輕；有強度但彈性佳，不容易折斷。科學家認為，就是因為竹節，使竹子增加了受力的能力。

工程師設計出像竹子一般具有「竹節」的巨型結構，利用巨型桁架梁將外部的巨型柱連結起來，就可以增加建築物的強度。

結構 1 巨型柱

四個外側，各設置了兩支巨柱，這八支巨柱從地下 5 樓貫通到地上 90 樓。每根巨柱都用鋼製的外管，內部配置鋼筋並灌入混凝土，讓台北 101 在地震時保有彈性，能左右擺動而不會斷裂倒塌。

結構 2 巨型梁

再用巨型梁從內部核心建造外伸的桁架，與巨型柱連結。從 27 樓以上，每 8 層樓為一個結構單元（或簡稱斗），層層堆疊了 8 個斗，強化台北 101 的結構強度。

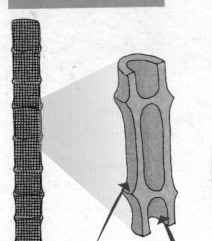

外部的巨柱及其他外柱相當於竹子的外壁纖維

內部的巨型桁架梁相當於竹子的竹節

你們人類就會從我們身上「偷學」東西！

從自然中學習是我們人類最聰明的地方啦！

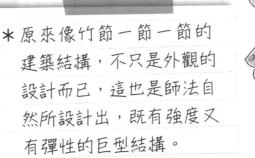

＊原來像竹節一節一節的建築結構，不只是外觀的設計而已，這也是師法自然所設計出，既有強度又有彈性的巨型結構。

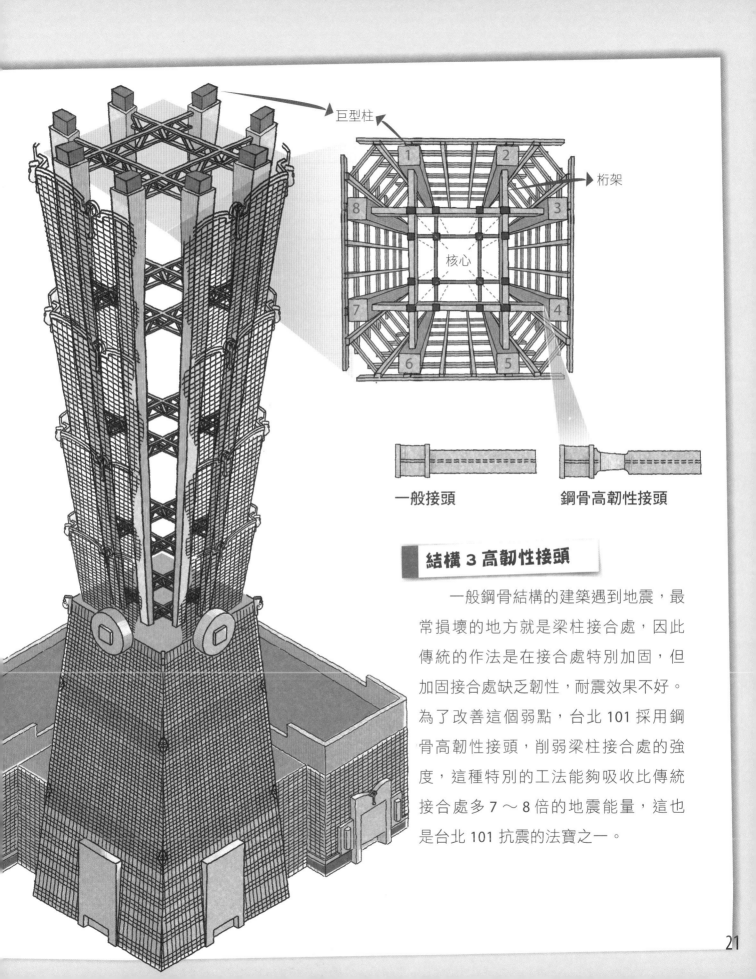

巨型柱

桁架

1 2

8 3

核心

7 4

6 5

一般接頭   鋼骨高韌性接頭

結構 3 高韌性接頭

　　一般鋼骨結構的建築遇到地震，最常損壞的地方就是梁柱接合處，因此傳統的作法是在接合處特別加固，但加固接合處缺乏韌性，耐震效果不好。為了改善這個弱點，台北 101 採用鋼骨高韌性接頭，削弱梁柱接合處的強度，這種特別的工法能夠吸收比傳統接合處多 7 ～ 8 倍的地震能量，這也是台北 101 抗震的法寶之一。

蓋出堅固又有彈性大樓的艱難挑戰

　　地基打好，開始搭建台北101，遇到了兩個大挑戰，第一就是將一節一節的箱型巨柱焊接起來；第二的挑戰則是把混凝土泵送到高處。

　　這麼高大的鋼製巨柱，當然不是像揉黏土一樣把鋼鐵製成長形柱子，而是製造成一節一節的箱型柱，再運送到現場焊接組合起來的。鋼材要軟到可以焊接，但是又要具有硬度才能支撐大樓重量；因此，在含有碳、鐵及其他合金元素的鋼材鍛造上需要有非常精密的比例。

　　巨型結構雖然具有減輕大樓的重量，以及讓大樓在遭遇強風和地震時，具有隨著搖擺而不會斷裂的彈性。但是工程師仍會擔心大樓穩定及強度不夠，於是設計在鋼製箱型柱內注入混凝土。不過當台北101越蓋越高，要把混凝土泵送到超過400公尺高，也讓工程人員傷透腦筋。

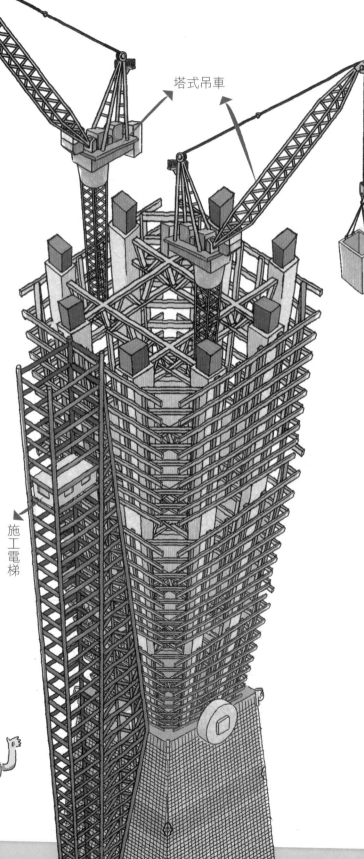

塔式吊車

施工電梯

如果大樓像大樹一樣自己會長高就好了。

所以人類才能發明創造這麼多技術啊！

22

挑戰 1：把鋼鐵焊接起來

焊接是將兩個金屬連接起來的方法。金屬加熱會變軟，利用金屬變軟或融化時，連接到另一個金屬上。台北 101 光是將巨柱焊接完成，就花了 2 年的時間。

挑戰 2：把建材運送到高處

巨型柱是將一節一節的箱型鋼柱焊接起來，當中再灌入混凝土所建造而成，每個箱型鋼柱最重約 90 公噸，相當於 1300 位成年男性的體重。這也是一座塔式吊車可以吊運的最大重量。台北 101 的塔樓出動了 4 座塔式吊車，隨著高度增加，吊車也逐漸升高以吊運材料。

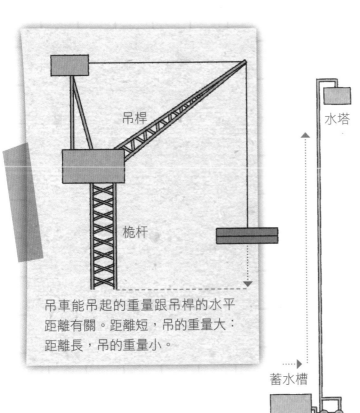

吊桿

桅杆

吊車能吊起的重量跟吊桿的水平距離有關。距離短，吊的重量大；距離長，吊的重量小。

挑戰 3：把混凝土泵送到 400 公尺以上的高樓

泵送混凝土可不像增加水壓，將水送到兩、三層樓高的屋頂水塔這麼簡單。在台北 101 之前，建築工程已經能夠運用泵送車將混凝土送到建築物上了。不過台北 101 要運達的高度前所未有，而且還是特製的混凝土。為了加強建築強度，每平方英吋的混凝土抗壓強度超過 10000 磅，也就是每平方公分能承受約 700 公斤（一般建築的混凝土抗壓強度為 3000 ～ 5000 磅）。但是混凝土強度高，就會更黏稠，過於黏稠就不好泵送，因此工程人員事前做了模擬測驗。當時泵送高度達 428 公尺，又破了一項世界紀錄。

巨型柱

水塔

泵送裝置類似住宅的抽水馬達，將水打到屋頂水塔裡。

泵送車 臂架系統

泵送車吸入混凝土，再利用液壓泵送到高處。
200 巴的泵送壓力，可將混凝土泵送到 400 多公尺高，相當於 4 個足球場長度。

蓄水槽

混凝土車

泵送車

不怕大風吹的祕密

風遇到大樓，會產生風切、渦漩等的現象，而超高大樓的結構設計更是受到風力的影響。不僅是大樓周圍空間，大樓本身受到風力的影響，以及位處高樓層人們對於大樓搖晃的感受，都是建造台北101時所考慮到的。

在建築台北101之前，特別委託加拿大的風能及環境工程諮詢公司（RWDI）研究風力，做了風洞實驗，測試大樓的穩定性，也測試風速、風切、渦漩等對大樓產生的影響。希望台北101不僅讓人感到安全，還很舒適。

* 即使台北101有許多抗風的設計，但是在高樓層遭遇強風，大樓擺動時，一般人察覺到搖晃的話，就可能會頭暈不舒服。為了降低搖晃感，台北101還有一個祕密裝置！

圖片提供／永竣工程顧問公司

風怎樣影響建築物

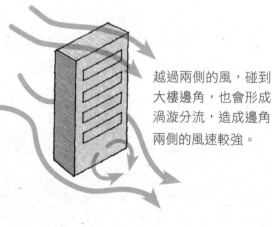

風碰到大樓，穿不過去就得轉向，一部分風越過頂部和兩側，加速的繞過去，再吹向建築物的背面。

在大樓的迎風面，有些越不過頂部和兩側的風就往下吹，下切氣流在建築物的前方形成渦漩，渦漩向上的氣流會將行人的裙襬掀起，又稱為掀裙風。

越過兩側的風，碰到大樓邊角，也會形成渦漩分流，造成邊角兩側的風速較強。

減少風對建築物影響的設計

工程師在設計台北 101 大樓結構時，在主樓前設計了裙樓，減少了下切氣流產生的掀裙風，對行人的干擾也降低了。

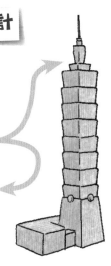

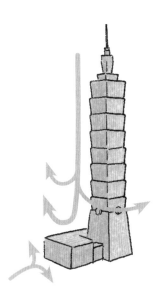

越過兩側的風，碰到大樓邊角形成渦漩分流，則利用鋸齒狀的 W 角，讓風力降低。

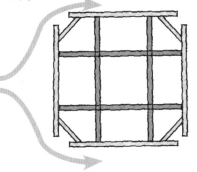

以每 8 層為一節所組成的倒梯形，以往外斜 7°再加高的方式往上堆疊，剛好讓下切氣流跟往上吹的風，在倒梯形交接處的樓層互相抵消。

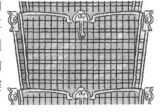

迎風面　背風面

吹到背面的風，碰到地面又轉向，再碰到建築物，形成渦漩，旋渦產生振盪，會對大樓背面產生小而持續的推力，推力會使整棟大樓產生搖晃。

我都要借風使力，才能讓我飛得更高。

如果建築物也會飛，那風就很有幫助。

鎮樓之寶──風阻尼器

大樓裡面
有鐘擺！

這不是計算時間的
鐘擺，而是大樓抵
抗風力的法寶！

台北 101 最受矚目的調諧質量阻尼器（TMD），簡稱風阻尼器，是一顆位於 87 樓，為台北 101 量身訂做的風阻尼球，造價高達約 1 億 1 千 9 百萬新台幣（4 百萬美元），主要目的是減緩台北 101 晃動，避免大樓劇烈晃動而造成結構受損，也是目前全球第一組整體裝置外露，可供參觀的風阻尼球。

除了鎮樓之寶的風阻尼器外，台北 101 還有另一座較不為人知的小型阻尼器，是一對設置在塔尖 498～505 公尺處，在通訊塔上的小型質量塊調質阻尼器，各重達 6 公噸。這是為了避免塔尖受風震動，造成鋼材疲勞使得塔尖受損，而特別設置的。地面、樓上還裝有偵測器，在通訊塔上還有風向計，可將大樓位移以及風速等相關數值傳入電腦，長期紀錄。

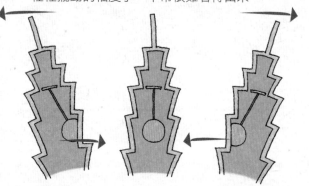

平時當台北 101 受到風的推力而微微搖晃時，風阻尼球就像個超級鐘擺，與大樓一起搖擺，約 6.8 秒一次來回循環擺動，只不過它輕輕擺動的幅度小，平常很難看得出來。

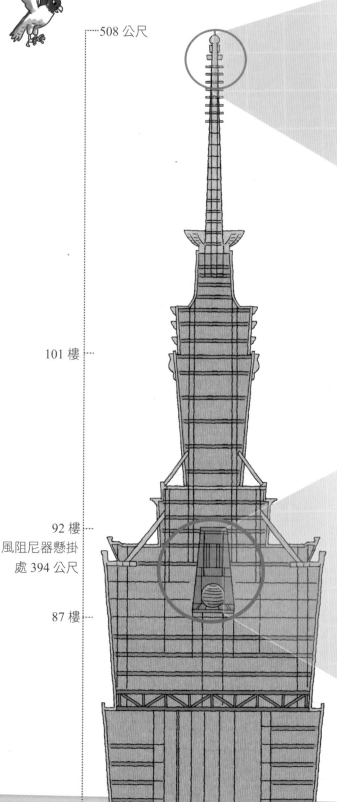

508 公尺

101 樓

92 樓
風阻尼器懸掛
處 394 公尺

87 樓

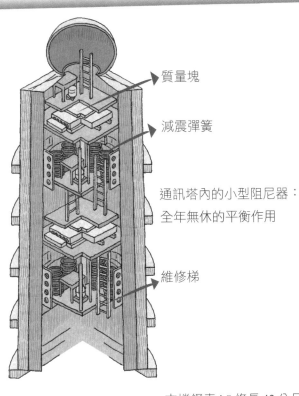

質量塊

減震彈簧

通訊塔內的小型阻尼器：
全年無休的平衡作用

維修梯

支撐鋼索：8條長42公尺、
直徑9公分的鋼纜，每條
鋼纜是由2000多條較細的
鋼索組成，可確保鋼纜的
彈性與耐久性。

風阻尼球（質量塊）：直徑5.5
公尺，總重達660噸，相當於1
萬個成年人的重量，或132頭大
象的重量。

緩衝油壓系統：8組，可以緩衝
並限制球體的移

主要油壓系統

阻尼器緩衝環：可以限制風阻尼球的
擺幅在1公尺以內。

如何在高處安裝風阻尼球

＊負責運送的卡車以及塔式
吊車，都無法一次承載風
阻尼球的尺寸和重量。於
是工程人員將風阻尼球分
成好幾個部份在工廠鑄造
好，再運到安裝地點焊接
起來。這顆風阻尼球由41
層鋼板，每片厚度達12.5
公分所組合。

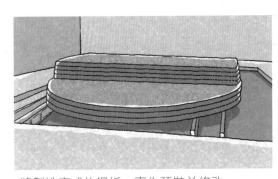

將製造完成的鋼板，事先預裝並修改。

鋼板運送到大樓後，放置在底座支架
上用電銲連接。

垂直移動的交通——電梯

摩天大樓能夠蓋得這麼高，最重要的一項發明就是電梯。如果沒有電梯，光是上上下下各樓層間，或是住在高樓層的人，每天氣喘吁吁的爬樓梯上班或是回家，摩天大樓反而變成了一種「酷刑」。

台北 101 總共設置了 61 台電梯，其中有 2 台電梯是專門供人們搭乘前往觀景台的直達電梯，從 5 樓到 89 樓，只需要 37 秒的時間，曾保持世界最快速電梯的紀錄長達 12 年之久呢！

超高大樓的電梯不只是要快，還要考慮到高度變化的壓力，對人體造成的不舒適感，就像搭飛機到高空時，會讓人耳鳴一樣。而電梯最重要的還是安全，從高樓層處往下墜落時的保險機制也不可或缺。台北 101 的快速電梯如何克服這些問題呢？

樓梯

1 ～ 91 樓層共 2046 個階梯，爬 1 ～ 91 樓層最快紀錄需時 10 分鐘 32 秒。

通訊層電梯

景觀台電梯

辦公樓層客梯

59-60F 電梯轉換樓層

直達客梯

35-36F 電梯轉換樓層

貨梯

停車場電梯

哇，電梯的速度竟然跟汽車的一樣快！

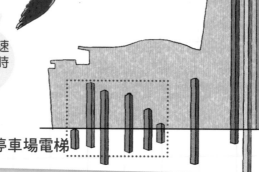

哼！我俯衝的速度可是每小時 380 公里呢！

觀景台直達電梯

2台，保持世界最快電梯 12 年紀錄。
時速 60 公里，從 5 樓觀景台入口到
89 樓只需要 37 秒。

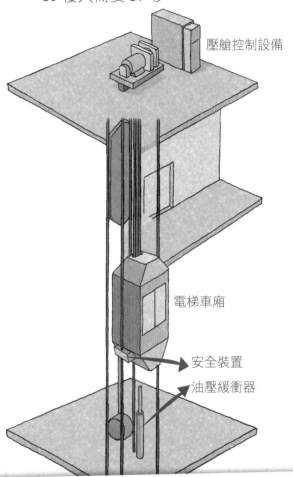

壓艙控制設備

電梯車廂

安全裝置

油壓緩衝器

首創恆壓的空氣動力車廂

✳ 高速電梯一下子這麼快速的上升，就
　像飛機起飛、下降時，可能會造成人
　體因為壓力不平衡而耳鳴。因此這兩
　台電梯都設置了控制設備。

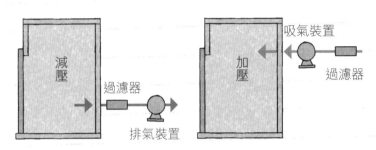

減壓

過濾器

排氣裝置

吸氣裝置

加壓

過濾器

在低樓層的時候，
車廂內先減壓，啟
動排氣裝置。

隨著高度越來越高，則
開始增壓，啟動吸氣裝
置。電梯下降的時候，
所有的程序相反。

安全的煞車系統

✳ 所有電梯都與控制中心連線，萬一高
　速電梯發生意外，會立刻啟動緊急煞
　車器。在高速降落時，煞車皮會因為
　摩擦產生的高溫可能會到攝氏 1000
　度，而台北 101 高速電梯採用特殊
　的陶瓷製動塊，散熱比金屬煞車碟更
　好，而且越熱越能緊緊夾住鋼製的安
　全桿，讓電梯緩降到最近的樓層，再
　開啟電梯門讓乘客離開。

全球唯一配置風阻尼器的電梯

✳ 不只大樓設置風阻尼器抗強風，此
　二部高速電梯也配置了穩定車廂晃
　動的阻尼裝置器。當偵測到車廂產
　生橫向振動時，馬達會立即驅動，
　產生反作用力以抑制振動。當兩部
　電梯高速行進、在交會時產生振
　動，也會發揮制振功能，以保持車
　廂內乘客的平穩舒適性。

超高大樓停電了，怎麼辦？

擁有地下 5 層，地上 101 層的台北 101，每天至少有數萬人在這裡進出和辦公。來到台北 101 的人透過電子化門禁系統進出，保全人員也在控制中心監看來自 880 支攝影機的訊息。

接著人們利用台北 101 內的 61 台電梯、50 台扶梯前往各自的樓層。這些電梯並不是每一層都停，而是採取分段運行；中、高樓段的乘客，可以在 35 到 36 樓、59 到 60 樓轉換樓層換搭，再選擇單數樓層或雙數樓層的電梯。每一個乘客可以依照自己的需要，找到最便捷的搭乘方式，還能節約用電量。

此外，電燈、空調、各種設備都需要電，如果停電的話，那該怎麼辦呢？

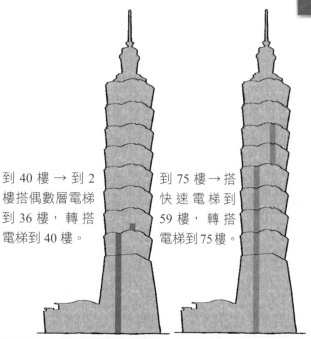

到 40 樓 → 到 2 樓搭偶數層電梯到 36 樓，轉搭電梯到 40 樓。

到 75 樓 → 搭快速電梯到 59 樓，轉搭電梯到 75 樓。

電力供應全年不中斷

台北 101 內的電力由台電公司的兩座變電站供應，再從配電室將電力配送到各樓層。如果其中一座變電站電力中斷，另一座變電站會引電過去，不會影響大樓用電。如果兩座變電站都無法供電，大樓配置的不斷電系統由 8 台柴油緊急發電機繼續供電，在無外援的情況下，仍能維持提供 42 小時的緊急電力。

世貿變電站　　虎林變電站

雙層電梯安全緩降

台北 101 的電梯是上下雙層車廂，因此同一台電梯能運載雙倍的人數，同時服務單數和雙數樓層。而電梯的安全機制啟動時，也會自動緩降到最近的樓層，讓人員離開車廂。而且每個車廂至少有 2 個以上的緊急出口，可協助受困的人脫困。縱使在停電時，電梯仍可由發電機供電而正常運作。此外，在緊急情況時，控制中心也可以指派或者用人工操控模式操作，調派其他電梯協助疏散人員。

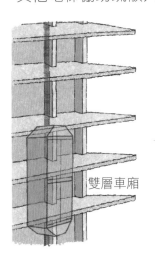

停奇數層

停雙數層

雙層車廂

要是和陌生的男子一起被困在電梯裡……

你以為是演電影嗎？這裡的救援電梯50 秒以內就到了！

控制中心掌握全樓

每 8 樓都有一層設備層，設置各種機電、空調、消防儲水、垃圾處理的設備，以及緊急避難室。大樓內到處設有偵測器和監視器，都與控制中心連線。控制中心掌握整棟大樓的訊息，一有突發狀況，會透過警報、通話等方式聯繫工作人員前往協助或救援。

每 8 樓都有一層設備層，是維持大樓運作最重要的樓層。

圖片來源／台北 101

圖片來源／台北 101

控制中心是台北 101 大樓的大腦，監控大樓各個角落的動靜，並即時作出回應。

雲梯車也到不了的高樓火災，怎麼辦？

台北 101 主要的風險是樓層太高，一旦發生火災，即使全台最高的 72 公尺消防雲梯車也鞭長莫及。

台北 101 並不是一般建築，是克服了地震和颱風而建造出、全球數一數二的超高大樓，受到全世界的注目。所以針對天災如地震、颱風，或是意外如停電、火災，甚至是恐怖攻擊等，台北 101 在建築上、設備上，以及因應流程上，都以最高標準來制定。

全面採用耐燃或防焰建材及裝修材料

在主要的鋼骨結構，桁梁和支撐架都被覆防火材料，可以延緩火勢蔓延，至少可以爭取人員 2 至 3 小時的逃生時間。

防火被覆材料

獨立的消防水箱

除了地下層的消防專用蓄水池，在每個設備層內，都有獨立的消防水箱，當有火警發生時，消防水箱即可供水滅火。當消防車抵達時，也可以從外面供水補給。同時內部設有 3 萬多只灑水頭可以自動灑水，地下停車場裝有一萬多只泡沫頭，不須等到外面救援抵達，就可以主動滅火。

台北 101 有自己的消防系統，真是太厲害了！

阻隔濃煙的防火門與加壓通道

濃煙是火場中的最大殺手，台北101設置了四道防線阻隔濃煙。辦公室都有加壓裝置，可阻隔濃煙進入，是第一道防線。人員逃生時，可以走入安全走道，這裡除了排煙，還會送風加壓，使濃煙無法擴散到走道，這是第二道防線。接著進入第三道防線防火門，門間也有排煙系統。第四道防線是安全梯，這裡除了持續引入外面的空氣，也能阻隔濃煙進入。最後還有戶外防線，獨立的防火區——避難室。

每 8 樓設置 2 間避難室

台北 101 大樓每 8 樓的一個斗，都規劃了一層設備層。每層設備層除了有各種機電、空調、消防儲水、垃圾處理的設備外，都有 2 間安全避難室。避難室裡頭有監視系統、緊急電話、飲用水及急難救助包等，供人員等待救助時所需。34 樓以上的避難室外還設有避難平台，如果梯間危險，可從一處避難平台連通至另一處平台，再從梯間離開。

圖片來源／台北 101

台北 101 設備層的避難室，是一個獨立的防火空間，內有避難包和緊急電話。

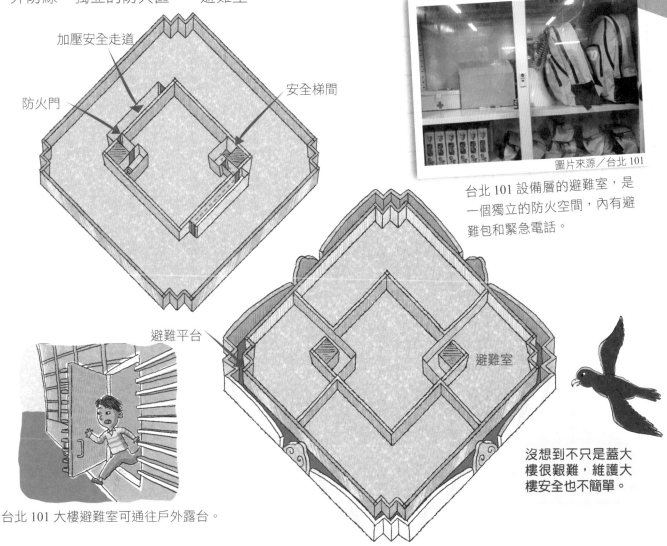

加壓安全走道

防火門

安全梯間

避難平台

避難室

台北 101 大樓避難室可通往戶外露台。

沒想到不只是蓋大樓很艱難，維護大樓安全也不簡單。

這麼高的玻璃外牆，怎麼清潔？

在一般人的心目中，玻璃是脆弱易碎的材質，沒想到講求抗風耐震的台北101，外牆總共使用了4萬8千片的玻璃！

台北101所使用的玻璃可不是普通玻璃，而是一種低輻射鍍膜玻璃——Low-E玻璃，也就是玻璃表面上鍍了金屬化合物，它可以反射陽光中大多數的紫外線與紅外線。夏天時，可以降低因日照而上升的室內溫度；冬天時，能減少室內熱能流失，而達到節省能源的目的。同時透光性好，在高樓層站在玻璃帷幕前，就可以一覽台北美景。

不過台北101整棟建築的玻璃帷幕這麼大的面積，要怎麼清潔呢？利用吊籠人工清潔，還是利用機器來清潔呢？答案是，2個都有！

不只高，還有強風，在這工作的人真是藝高人膽大。

不要往下看、不要往下看……

台北101玻璃帷幕的秘密

＊台北101使用的是雙層隔熱Low-E玻璃，內、外兩層都是10毫米厚的玻璃、中間隔著12毫米空氣層，不僅能避免反射光害，還能降低噪音。普通玻璃帷幕能阻絕30分貝左右的聲音，而雙層玻璃帷幕能阻絕到38～40分貝以上。

＊現代大樓很多都使用玻璃帷幕作外牆，相對於傳統鋼筋混凝土結構建材，玻璃帷幕有減少大量鋼筋、混凝土的使用量，重量較輕的優點。

每次洗窗前，清潔人員就會上 90 樓報到，用中性的環保藥劑，依序由高樓層往低樓層方向清洗。

洗窗機軌道：洗窗機藉由軌道可移動到大樓每一面的各個地方。

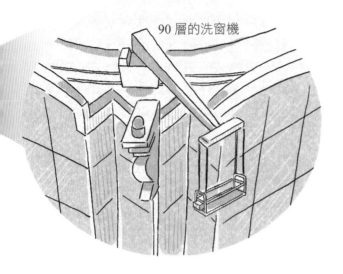

90 層的洗窗機

選日子洗窗戶

　　每 3 個月就需要進行一次洗窗作業。在高樓層工作時，過大的風速會使吊籠搖晃，為了安全起見，依照規定，風速每秒超過 10 公尺就須停工。不只是風，下雨天也不適合洗窗。台灣的冬天吹東北季風，又有春雨、梅雨季、颱風季節等，經常 3 個月的工期裡，真正作業天數寥寥可數。

鋼纜載重 500 公斤，可以載一隻雄性成年棕熊。

吊掛作業一趟至少 2 個小時以上，清潔人員的吃喝拉撒幾乎都在高空中的吊籠中進行！

＊一年清潔團隊清洗面積：共 377040 平方公尺，以一座標準籃球場面積 420 平方公尺計，一年總共要洗將近 900 座標準籃球場面積。

全身的裝備及隨身物品包括手機都要綁緊，不然東西掉下去，由於重力加速度的關係，砸到人可能會致人於死。

最高的環保綠建築

台北 101 在 2016 年取得美國綠建築協會頒發的 LEED 白金級認證,成為「世界最高的綠建築」。LEED 是全世界最多國家使用的綠建築標準,一共有四級認證,白金級為最高等級,評選分數最高,是非常不容易取得的認證。

一開始踏入綠建築門檻,是因為美國知名高樓帝國大廈投入巨資進行節能改造,而萌發了台北 101 以既有建築成為 LEED 認證綠建築的想法,在日常的營運維護,都採用綠建築的最高國際標準。2019 年,台北 101 更以作為「全球高樓落實環境永續的先驅」獲得世界高樓學會(CTBUH)的大獎肯定,成為「全球 50 最具影響力高樓」之一。其實在興建之時,台北 101 已具備永續經營的概念,設置許多環保設施,像是大樓資源回收系統、雙層隔熱玻璃、節能的燈管,還有一套能源管理及控制系統,才能立下綠建築的基礎。

最特別的是,台北 101 包括商場,每月產生 211 公噸廢棄物,平均一天 7 公噸,光是清運各樓層的垃圾就要花上 3 小時。但是台北 101 有全台最高的垃圾投遞系統,處理大樓內 70% 的不可回收垃圾只需原來一半的時間,省時又環保。

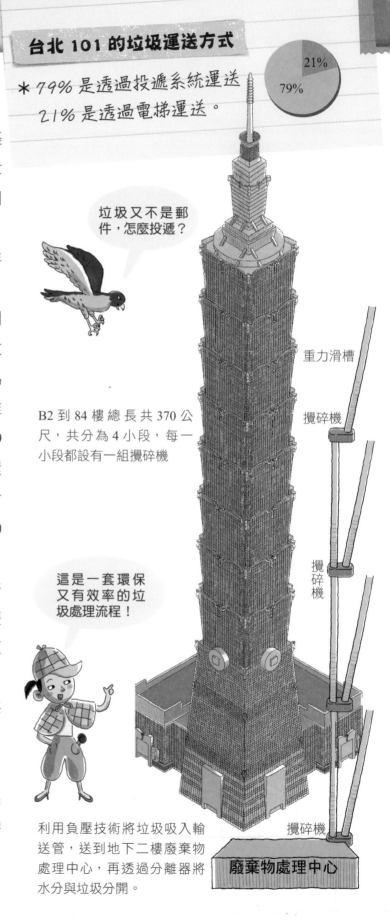

台北 101 的垃圾運送方式

* 79% 是透過投遞系統運送
21% 是透過電梯運送。

21%
79%

垃圾又不是郵件,怎麼投遞?

B2 到 84 樓總長共 370 公尺,共分為 4 小段,每一小段都設有一組攪碎機

重力滑槽

攪碎機

攪碎機

這是一套環保又有效率的垃圾處理流程!

攪碎機

利用負壓技術將垃圾吸入輸送管,送到地下二樓廢棄物處理中心,再透過分離器將水分與垃圾分開。

廢棄物處理中心

最高的垃圾投遞系統

　　垃圾投遞系統於 2005 年啟用。投遞系統共有 67 個投遞門，投遞前先由清潔人員分類垃圾，再投遞到重力滑槽裡。當滑槽的垃圾量累積到一定的量時，就會啟動排空行程，攪碎垃圾後往下投遞。經過處理的垃圾才能進行清運，送離台北 101。

垃圾處理流程

垃圾投遞門

重力滑槽

攪碎機

暫存槽

垃圾分類多樣

　　台北 101 的工作人員會將可資源回收的廢物送到大樓地下室的廢物處理中心，再細分 26 種類別。除了鐵罐、鋁罐、塑膠外，也包括其他少見的類別，如廢雨傘、廢電線、光碟片、壓克力、塑膠化妝品容器、碳粉匣，及工程廢棄物等。

台北 101 的環保設計

＊☑雙層隔熱玻璃帷幕→減少熱能吸收，降低空調能源的消耗。

☑雨水回收系統→收集雨水再利用，成為中庭花園的澆水及購物中心廁所用水。

☑能源管理控制系統→可以自動運作和預警的功能，減少能源消耗。

☑垃圾投遞系統→分類回收，以及節省運送垃圾的時間。

☑室內環境品質控制→定期量測和監控環境，用來作為改善環境的參考。

不可回收的垃圾丟進垃圾投遞門中，落入 4 組攪碎機中，攪碎機將垃圾攪碎，掉入暫存槽內。

圖片提供／台北 101

全球首創摩天大樓煙火秀

　　台北 101 建成啟用後，2004 年底就規劃了跨年煙火秀，這是全世界首創在摩天大樓施放。此後每年的跨年夜都可以見到台北 101 煙火秀，並屢屢登上國際版面。自此，其他國家也紛紛仿效，開啟摩天大樓式煙火的新花招。

　　但是要在摩天大樓上施放煙火可不簡單，它比一般的煙火工程的難度還高，每一個環節也需要更安全的考量，才能造就一次次絢爛璀璨的城市美景。

就連最高的通訊塔上也安裝了發射筒。

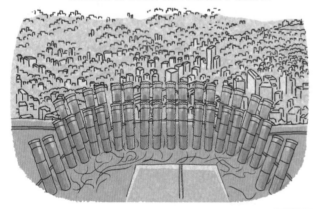

每年跨年最期待的就是台北 101 的煙火秀了！

看來我也要像國慶鳥一樣每年做點什麼才行……

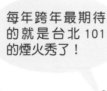

難度 1：在超高大樓施工空間小

一般的煙火多在地面上施工，空間寬闊。在台北 101 大樓布設煙火，整棟大樓有四個面要施工，而且只能在大樓每一節的平台上施工，空間非常狹小。安排數萬發煙火，考驗設計師的能力。

難度 2：高空中氣溫低、風勢強

台北 101 施放跨年煙火時，正值冬季東北季風強勁吹拂，101 高樓層與地面的室外溫度相差攝氏 6 至 10 度。有時大白天就籠罩霧氣，施工困難，工作人員得穿上兩件厚外套才足以抵抗低溫，考驗工作人員的耐力。

大樓每一節的平台上架設鷹架。

難度 3：在城市精華區施放煙火

台北 101 位在精華區，周邊建物密集，現場觀眾數十萬人，如果煙火引燃不慎掉落會造成非常嚴重的安全問題。所以台北 101 的煙火，採用可以完全燃燒的低空煙火，不會產生落焰。為了確保每一次的煙火秀施放順利，設計師和執行的負責人會不斷的測試煙火的效果和安全性。

難度 4：各樓層溝通聯絡

煙火秀登場時，負責大樓外監控及大樓內各煙火發射平台樓層待命的安全防護人員都已就定位，隨時回報各樓層狀況。此外，施放後每一個煙火發射平台都會先以滅火器噴過，再以大量的水沖澆，這樣的流程重複兩次，再由相關人員做最後檢查，確認沒有殘火餘燼，才宣布收工。

工作人員透過中控室的電腦操控發射的順序。

不只是世界的 101，更是台灣的 101

台北 101 成為世界超高大樓之後，各種重要活動莫不受到全球矚目。除了每年跨年煙火，2005 年開始舉辦的垂直馬拉松，也就是從 1 樓到 91 樓的登高比賽，吸引了各國好手前來挑戰。爬樓梯不稀奇，法國攀爬好手蜘蛛人更曾挑戰 4 小時攀爬台北 101，讓全球的人都為他捏把冷汗，也使得台北 101 在全球的知名度大大提升。

作為世界知名的超高大樓，台北 101 無論在各領域，例如創新、時尚、環保等都希望能領先全球，站在國際的舞台上。同時，台北 101 也更注重和國人的互動，成為國人生活中的一部分。

最讓大家有感的，就是台北 101 的點燈打字了。雙十節祝賀國家生日快樂、替國手加油、感謝辛苦

防疫的工作人員等，甚至只是週一到週日不同的燈光顏色，都讓大家十分期待。

台北 101 點燈彷彿是和大家對話的方式，在節日時為國家祈福、在公共議題上為民眾加油打氣，也讓台北天際線越來越優雅，充滿了魔力。

圖片提供／台北 101

LED 智慧照明系統

LED 燈具裝在玻璃帷幕內，一條一條的
LED 燈架上，鑲嵌著 LED 燈，能根據電腦排
列出不同的形狀和顏色，就是我們在台北
101 外牆上看到的點燈打字了。

圖片提供／台北 101

❶ 裝在玻璃帷幕內的
LED 燈架。

❷ 位於外側的 LED
燈發亮處

來到台北 101 一定要做的事

☑ 和台北 101 合照

☑ 看七彩的台北 101
☑ 看台北 101 跨年煙火
☑ 登上台北 101 觀景台
　 認識台北市
☑ 挑戰 Skyline 天際線
　 460

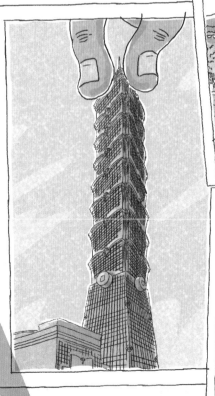

不要讓我在頂樓
等你太久啊。

我下次要來挑戰
垂直馬拉松！

☑ 參加垂直馬拉松

41

台灣的摩天大樓爭高賽 1

記者／郝惠茶

在台北 101 之前的台灣摩天大樓的冠軍寶座，總共換了 10 次。台北 101 在 2004 年得到第 11 屆冠軍，一直到現在還沒有被打破。而第一高樓保持紀錄最久的建築並非台北 101，而是過去的台灣總督府，也就是現在的總統府，它的保持紀錄長達 50 年以上！

最多摩天大樓的城市前五名

* 以美國 400 英尺，即 120 公尺以上定義為摩天大樓的數目統計來看，以台中市的 50 棟最多，其次為新北市的 47 棟、高雄市的 36 棟、台北市的 35 棟。若以「世界高層建築與都市人居學會」（CTBUH）定義超過 300 公尺的超高大樓，則僅有 2 棟。

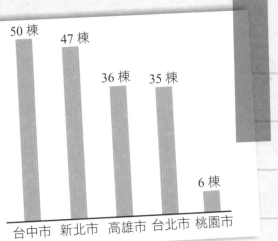

50 棟　47 棟　36 棟　35 棟　　6 棟

台中市　新北市　高雄市　台北市　桃園市

公尺
500
450
400
350
300
250
200
150
100
50

歷屆冠軍年代表

中央塔樓高度為 60 公尺，完工時可以俯瞰台北市的街景，堪稱日本時代全台最高的建築物。原先設計為 6 層樓高，而後把樓層提高到 11 層。

為台灣第一棟高度超過 100 公尺的大樓。每一樓均以鋼鈑為骨架，並在接縫處留有幾公釐的彈性距離，可以有效防震。鋼鈑和外牆預先鑄造，再送至工地安裝。在建造當時是先進的工法。

⑥ 國貿大樓，樓高 34 樓，加上塔屋為 142.92 公尺。
結構：地下鋼筋混凝土，地上鋼骨結構。

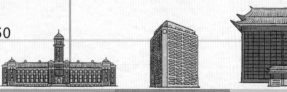

1919-1972	1972-1973	1973-1981	1981-1983	1983-1988	1988-1990

❶ 台灣總督府
現為總統府，塔樓 9 層，塔尖 60 公尺。
結構：鋼筋混凝土磚造。

❷ 台北希爾頓大飯店
現為凱撒大飯店，樓高 20 樓，64.9 公尺。
結構：鋼骨鋼筋混凝土。

❸ 圓山大飯店
樓高 12 樓，87 公尺。
結構：鋼筋混凝土。

❹ 第一商業銀行總行大樓
樓高 22 樓，87.7 公尺。
結構：鋼骨鋼筋混凝土。

❺ 台電大樓
樓高 27 樓，114.5 公尺。
結構：地下二、三層為鋼筋混凝土結構，以上至地上二層為鋼骨鋼筋混凝土，三層以上為耐震之鋼骨柔性結構。

台灣第一高樓從 60 公尺的塔樓逐步增高，直到 1983 年，台電大樓的樓高達到 114.5 公尺，才突破 100 公尺。之後的十幾年，樓高突破 100 公尺已不再是夢想，建造摩天大樓的技術不斷革新，第一高樓的樓高紀錄也不斷突破，位於高雄市長谷世貿大樓把高度推向 221.6 公尺，4 年後，同樣位於高雄市的 85 大樓直接達到 378 公尺。85 大樓的台灣第一高樓的寶座蟬聯了 7 年，便將寶座讓給了台北 101。台北 101 完工後，更榮登世界第一高樓寶座達 5 年時間，雖然目前已被其他國家的高樓超過，但 508 公尺的樓高，在台灣至今仍「無樓能出其右」。

原來以前 60 公尺高的大樓就算超高了！

台灣第一棟引進風阻尼器的摩天大樓。目前為台灣第二高樓。

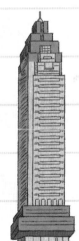

1990-1992	1992-1993	1993-1997	1997-2004	2004- 迄今
❼ 東帝士摩天大樓 現為敦南摩天大樓，樓高 35 樓，143.4 公尺。 結構：鋼骨（SC）或鋼骨混凝土。	❽ 長谷世貿大樓 位於高雄市，樓高 50 樓，221.6 公尺。 結構：鋼結構。	❾ 新光人壽保險大樓 簡稱新光摩天大樓 樓高 51 樓，244.15 公尺。 結構：鋼骨和剪力牆。	❿ 東帝士國際廣場大樓 簡稱 85 大樓，位於高雄市，樓高 85 樓，378 公尺。 結構：鋼結構。	⓫ 台北 101 樓高 101 樓，508 公尺。 結構：鋼結構。 世界最高綠建築，目前為台灣第一高樓。

台灣摩天大樓的爭高賽 2

記者／郝惠茶

圖片來源／達志影像

摩天大樓的結構不一定都是巨型結構。南山廣場的結構是以高樓外周的筒狀結構配合服務核的構架組成。

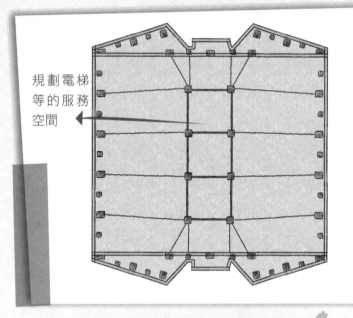

規劃電梯等的服務空間 ←

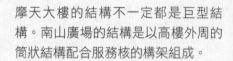

台灣第三高樓──台北南山廣場

目前南山廣場是台北市第二高樓，以及台灣第三高樓。地上樓層 48 樓，地下樓層 5 樓，總高 272 公尺。外觀像是雙手合掌祈禱，表達感謝與和平的樣子。

工程人員在建築台北南山廣場時，為了減低強風和地震造成的大樓搖晃，將基礎打至岩盤，並且裝置兩組阻尼器，以及可以抗 16 級風壓的大樓外牆帷幕。而且

為了因應多變的氣候，目前是全台灣唯一備有暖氣的商業辦公大樓。台北南山廣場也是著重環保的綠建築，整棟大樓到處植栽，就像一座城市森林。

施工時使用了比台北 101 更高強度的混凝土，每平方公分可以承受 843 公斤（每平方英吋 12000 磅）的壓力，泵送難度更高，破了台灣的紀錄。

台灣第二高樓——85 大樓

　　東帝士國際廣場大樓轟立於高雄港邊，因為地上建築樓層共 85 層而簡稱 85 大樓。樓高 347.5 公尺，加上天線共 378 公尺。

　　85 大樓的建築師是李祖原，落成時曾是台灣最高的建築，直到被自己的另一個作品——台北 101 超越，目前仍然是台灣第二高樓。在 85 大樓的第 75 樓觀景台，可以俯瞰高雄港和高雄市景，只要搭乘大樓內最快的電梯，就可以在 43 秒內到達 75 樓。

　　85 大樓是台灣第一棟引進阻尼器的摩天大樓。在 85 大樓內的阻尼器共有兩組，每組各有一個風阻尼器，分別放置在第 78 層的兩個對角角落，每組質量塊重達 100 公噸，運用電力驅動，能降低 85 大樓振動時造成的不舒適感。

台灣的摩天大樓一共有幾座呢？

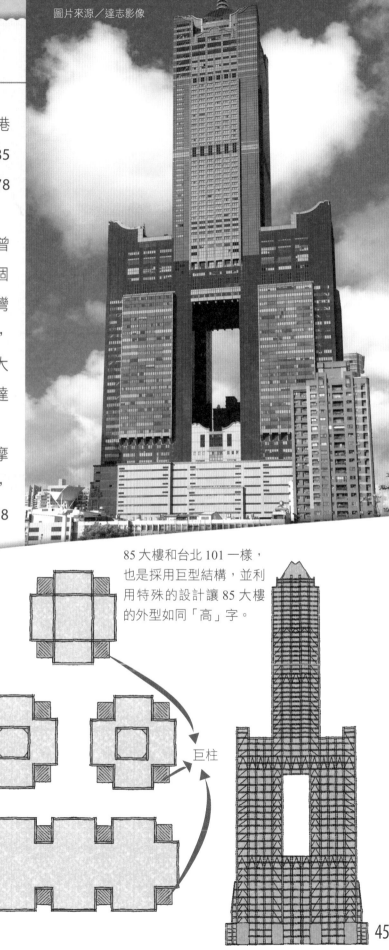

圖片來源／達志影像

85 大樓和台北 101 一樣，也是採用巨型結構，並利用特殊的設計讓 85 大樓的外型如同「高」字。

巨柱

摩天大樓法寶———鋼架構

記者／郝惠茶

　　19 世紀時，超過 6 層樓的建築物仍然相當罕見。隨著時間推移，新建材、新工法逐漸出現，蓋高樓不再受限。

　　1851 年，英國倫敦造了一座稀奇的水晶宮，作為世界博覽會的展覽場地，這座以鋼鐵為骨架、玻璃為主要建材的建築，使用 655 片玻璃和 330 根鐵柱，引起大家爭相目睹。

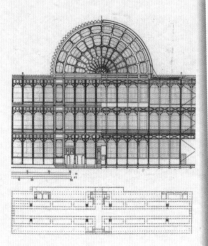

圖片來源／維基百科

水晶宮
占地面積 74000 平方公尺，長 564
公尺，寬 124 公尺。
室內高 39 公尺（約 19-20 層樓高）
玻璃與鋼鐵結構建造的溫室。

水晶宮雖然高度只有 39 公尺，但卻
是建築上新建材和新工法的展現，為
之後的建築帶來更多可能性。

古代最高的塔樓

古代房屋的建造多半
是就地取材，石造、
木造、稻草、毛皮等，
但如果多受幾次惡火
摧殘，為了防火，人
們建築趨向使用磚造
或石造。

只靠磚石要建成高樓相當困難，因為
建築材料如果巨大又笨重，地基負荷
沉重，往上發展一不小心就會變成
「歪樓斜塔」。

46

艾菲爾鐵塔
高度 324 公尺
熟鐵與鋼結構

圖片來源／維基百科

法國在 1889 年，為了巴黎世界博覽會也建了一座「臨時的」建築——324 公尺的艾菲爾鐵塔，用了 7,300 公噸的熟鐵，總重達 10,000 公噸，建成後卻沒有拆掉，還占據世界最高人造建築的位置長達 40 年。

這兩大建築，比起磚石更輕巧，但強韌、耐久卻一點也不輸給磚石建築。這也意味著 19 世紀的建築技術不再受限於磚石建築，興建高樓可以選擇更輕巧的建築材料。

艾菲爾塔的設計手稿是艾菲爾建築公司的 2 位工程師所繪製。一開始並不受青睞，直到巴黎舉辦世界博覽會被入選。

擁有資源蓋高樓或高塔的，就是國家及教會，如教堂、鐘樓或堡壘等，甚至還有法規限制其他建築高度，不能與其爭鋒。

摩天大樓法寶二——電梯

記者／郝蕙茶

高樓首次拔地而起的地方是在美國芝加哥。

鋼鐵、玻璃、混凝土等建築的新材料、新工法正方興未艾，蓋高樓不再只是夢想，可是人們要爬上高樓層，只能運用樓梯，讓人爬得氣喘吁吁，也降低了人們住進高樓層的欲望。加上歐洲城市紛紛立了限高禁令，使得歐洲人對蓋高樓意興闌珊。

倒是地大物博的美國，有很多新興城市，有機會成為興建摩天大樓的實驗場。加上 1853 年，美國人奧的斯發明了安全升降梯，1857 年世界上第一台奧的斯乘用升降機安裝在紐約霍沃特百貨公司，使人見識到升降梯的便利。有了這項法寶，使得原來不想爬樓梯的人，也能隨時登上高樓。1871 年，芝加哥大火，必須重建，剛好成了建造摩天大樓的最佳實驗場，於是建築商紛紛來到芝加哥建造高樓。

1885 年，芝加哥出現了一棟前所未見的大樓——高 10 層，42 公尺的家庭保險大樓。剛完工時，人們覺得這座高樓很不安全，不敢靠近它。但是沒過多久，人們就發現有著電梯的大樓非常方便，競相蓋起大樓來，後來芝加哥政府對建築限高，建商才又轉到紐約競逐摩天大樓的高度。

大火後的芝加哥往上發展蓋大樓

1871 年 10 月 8 日晚間，芝加哥德克文街 137 號後巷發生大火，引發烈焰滔天，使得城內 9 平方公里的木造房屋受到牽連，付之一炬。據當局統計，至 10 月 10 日早晨才撲滅的大火，為該世紀最大的災難之一，總計奪去 300 人性命，10 萬人無家可歸。政府為了盡快恢復市容，編列了重建計畫。但是因為芝加哥人口快速增加，土地價格暴漲，當時解決燃眉之急的最佳方法，是採用最新的建築工法，往上發展，盡快蓋出高樓，讓市民有屋可住。

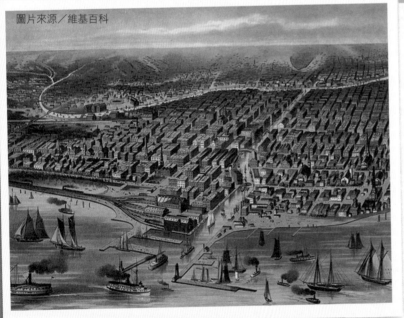

圖片來源／維基百科

發生大火前，芝加哥的建築及人行道等設施大多都是木造為主。

不怕墜落的升降梯

❶ 早在公元前 236 年，阿基米德就製作出人力
　或獸力的升降裝置。

絞盤

人力轉動

麻繩

木製吊籃

❷ 18 世紀，法國凡爾賽宮裡有一個利用滑輪裝置的升降椅，在樓層間穿梭，可以說是電梯的始祖。

滑輪

升降椅

原來升降梯的
重點不是如何
往上升⋯⋯

❸ 奧的斯所發明的安全制動器，使升降梯在墜落
　時可以被停住，大大提升了電梯的安全性。

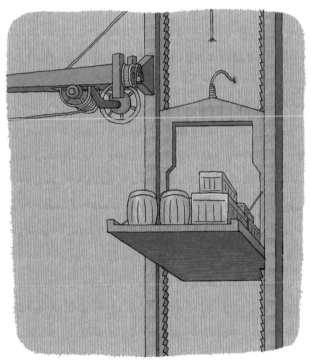

❹ 紐約霍沃特百貨公司是第一個安裝奧的斯升降梯
　的大樓，讓人們逐漸對電梯的安全產生信心。

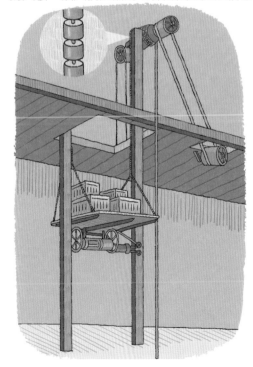

摩天大樓法寶三——玻璃帷幕牆

記者／郝蕙茶

　　二次世界大戰後，工業和經濟起飛，有技術、有錢的國家風靡蓋新建設。紐約的摩天大樓興建風潮，也搭上這趟順風車，新建案流行改用新建材來建大樓，之前流行的石材貼面退燒，後起之秀是玻璃帷幕牆。玻璃不僅能夠遮風擋雨，又可提供充足的自然光，更重要的是比混凝土牆輕，而且價格更便宜。

引領風潮的利華大廈

　　1952 年，使用全玻璃帷幕建造的利華大廈誕生，它的樓高 92 公尺，共 34 層。在紐約街頭，它不以高度聞名，卻因為利華公司主要產品是清潔劑，大廈每天用清潔劑清洗玻璃帷幕牆的廣告效果太好，而使玻璃帷幕牆大受歡迎，蔚為風潮。

從這張 1997 年拍攝，位在紐約公園大道上的利華大廈，就可以看出玻璃帷幕在石材貼面的建築群中還屬於少數的「異類」。

圖片來源／達志影像

什麼是帷幕牆？

　　外牆原有功能是提供上層樓板和屋頂的支撐，有承受重量的功能，所以都很厚。19 世紀發展出鋼結構建築物，使得承載建築物重量不再依賴外牆，因此建築師在設計外牆窗戶的尺寸越來越自由，甚至逐漸演變成開窗牆。除了玻璃之外，也有石材、鋁板等做為裝飾外牆貼面的材料。到了二次世界大戰後，為了減輕大樓重量，建築師開始使用大面積的玻璃作為窗牆，而演變成今日常見的玻璃帷幕牆。

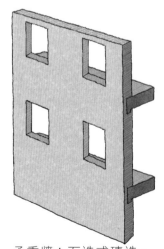

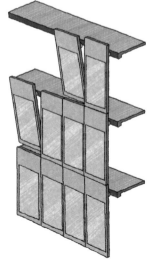

帷幕牆：金屬和玻璃，厚度可在 10 公分以下。

承重牆：石造或磚造，厚度至少 24 公分。

小木馬日報

高樓容易遭恐怖攻擊 鎖 定？

記者 / 郝蕙茶

世貿雙子星大樓的建築師使用當時最先進的，塗有防火材料的鋼柱等材料來建築大樓，同時在設計時也進行過風洞試驗，以當時的標準來說是相當安全的，即便是 1975 年在 11 樓發生過火災，也沒有造成重大毀損。但是 2001 年 9 月 11 日，發生了兩架飛機遭劫持，衝撞雙塔的恐怖事件，雙塔毀損，造成多人死亡，也改變了全球的政治經濟局勢。911 攻擊事件發生後，大家對摩天大樓的安全措施有許多檢討，對大樓結構安全更加注意。

大樓逃生成了摩天大樓設計最重要的指標

雖然摩天大樓不斷向上攀升的高度，讓人們取得了更多的使用空間，但是衍生的擋住日照、阻礙通風、造成道路壅擠、發生火災及逃生困難等問題，仍然一直被人拿出來檢討。尤其是如何預防發生火災，火災時如何逃生，雖然有許多預先模擬的方案，但是沒有人知道真正發生事端時，摩天大樓是不是能承受。

2001 年的 911 恐怖攻擊事件，讓人們意識到摩天大樓結構與各項安全設施的重要。設計摩天大樓時，建築結構與各項安全設施都是缺一不可的重要元素。

我最討厭玻璃帷幕了！尤其是擦得很亮的那種！

因為會讓鳥以為是天空啊，請小心飛翔。

玻璃帷幕牆不環保？

＊ 玻璃帷幕雖然使得大樓室內照進更多的陽光，相對的大樓接收到的熱也隨之增加。夏天時，為了讓室內溫度舒適，打開冷氣反而更耗能。此外，玻璃帷幕也造成很多鳥類誤撞事件。在注重環保的現代，玻璃帷幕牆是不是有更環保的設計呢？

世界最高摩天大樓，誰排第一？

記者／郝惠茶

這股興建世界最高摩天大樓的風潮，從 1990 年代開始吹進亞洲。1998 年，馬來西亞建成 452 公尺的吉隆坡雙子塔成為世界最高摩天大樓。2004 年被 508 公尺的台北 101 超越。到了 2010 年，世界最高的頭銜則由 828 公尺，樓層總數 169 層的哈里發塔奪下，這座摩天大樓比台北 101 高出 320 公尺，相當於一座吉隆坡雙子塔加上一座法國艾菲爾鐵塔的高度。

目前維持最高寶座——杜拜哈里發塔

哈里發塔又叫杜拜塔，因為杜拜國土大部分為沙漠，為了提升國際知名度，以吸引投資者目光，而建了這座摩天大樓。建造時遇到資金不足，一度停建，後來在杜拜酋長的堅持下，才能繼續建造，因此改名為哈里發塔，紀念這位伊斯蘭最高統治者與宗教領袖。

杜拜的天然條件沒有潛在的地震風險，卻有強勁的風力，因此建築師在設計時，特別作了 40 次風洞測試，了解風力對結構的影響。在建造時特別打造一根伸延到地下 585 公尺，相當於 156 樓高度的核心柱，以及三組扶壁式核心來支撐哈里發塔。地基則是一個巨大的鋼筋混凝土墊，由很多根鋼筋混凝土樁所組成，足以承受 100 萬噸以上的重量。即使遇到 6 級的地震也依然安全，還能在每秒 60 公尺的大風中保持穩定。

鋼筋混凝土結構和玻璃帷幕牆構成。由下往上漸縮，逐漸形成塔尖，每一樓層的寬度都不同，有「擾亂風」的作用，降低哈里發塔上層風力。

哈里發塔外牆使用的玻璃可以鋪滿 17 座足球場。跟台北 101 比，誰使用的玻璃面積比較大呢？

圖片來源／達志影像

圖片來源／達志影像

在杜拜河港口將有一座超過 1000 公尺高的建築。

1345 公尺的杜拜河港城

　　與哈里發塔爭霸的最主要的競爭對手，目前有鄰國沙烏地阿拉伯有座 1008 公尺的王國塔，以及預計完工時可能達到 1345 公尺的杜拜河港塔。目前這兩座摩天大樓還在默默施工中，高度是機密，完工時才能見分曉了。

到底人類還可以蓋多高的建築呢？

要蓋世界第一高，高度是最高機密！

　　在經濟蕭條的 1928 年，富豪克萊斯勒斥資動工建造克萊斯勒大廈，成為世界最高建築。沒想到克萊斯勒探聽到，他的大廈高度竟然「恰巧」與川普大樓的高度一樣。為了破紀錄，克萊斯勒命令建築師再往上蓋 38 公尺的尖頂，並且祕密進行建造，誰都不得洩漏消息。克萊斯勒沒想到的是，這全世界最高建築的紀錄只保持了 11 個月，就被帝國大廈所打破。

　　帝國大廈完工時高度為 381 公尺，過

帝國大廈

克萊斯勒大廈

圖片來源／維基百科

我竟然沒有打聽到帝國大廈的高度！

了 20 年，又添加 62 公尺的天線，使得總高度提高到 443 公尺，往後 41 年都沒有其他大樓超越，成為世界最高建築紀錄保持最久的建築。

不只高，還要有特色

記者／郝蕙茶

摩天大樓要如何才能牢牢抓住世人的目光，有的時候不只是高度，還要有特色和創意！

擁有全球最大的阻尼器——上海中心大廈

2016 年 3 月完工的上海中心大廈，是當前世界第二高摩天大樓、中國第一高樓。總高度超過 632 公尺，大樓第 126 層內裝有「上海慧眼」。這是全球最大的阻尼器，由吊索、質量塊、阻尼系統和主體結構保護系統所組成，重達 1000 噸，能消減大樓晃動的能量。此外，還有全球第二快的電梯，因為深具特色，使許多觀光客慕名前來參觀。

上海中心大廈還有一個創舉。建造時，全球首次從規劃設計到施工，再到運營維護，直到建築物的「生命終結」需要拆除為止的整個過程，透過 3D 設計，實行「建築全生命周期」的建築訊息模型管理（BIM）。

因為採用 BIM，建造時減少了 2 噸的鋼材料損耗，完工後替換材料也更為方便，只需要檢查模型事先編號與預留的空間，就能找到位置。

風阻尼器並不都是球形。上海中心大廈的風阻尼器即為一座有造型的質量塊。

圖片來源／達志影像

圖片來源／達志影像

上海中心大廈由 8 根鋼骨混凝土巨柱、4 根角柱，及 8 道位於設備層的箱型環帶桁架組成的巨型框架，作為主要結構。

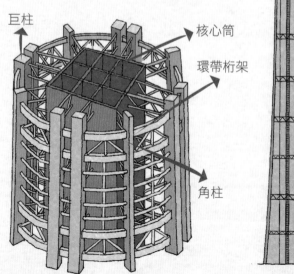

巨柱　核心筒　環帶桁架　角柱

以世界最大鐘面而聞名──麥加皇家鐘塔飯店

目前全球第三高的摩天大樓，是位於沙烏地阿拉伯的麥加大清真寺附近，於2012年完工的麥加皇家鐘塔飯店。

建築高度601公尺，共120層。除了是造價最高的飯店，也是全球最高的飯店建築，同時保有世界最高的鐘塔、世界最大鐘面，還有廣達150萬平方公尺，世界最大的樓板面積的紀錄。建造時，為了使周邊的環境與麥加皇家鐘塔飯店協調，沙烏地阿拉伯政府甚至剷平了附近的一座山，毀壞了奧斯曼帝國時代留存下來的堡壘，引起了國際社會的強烈抗議。

麥加皇家鐘塔飯店最具特色的地方是

圖片來源／達志影像

在25公里外遠眺，就能見到其最高處的黃金新月。

鐘塔，時鐘的屋頂高出地面450公尺，是世界上最高的建築時鐘，為伊斯蘭教信徒每日五次祈禱報時。時鐘每一面都鑲嵌9800萬塊玻璃磚，鐘面的直徑為43公尺，分針長達22公尺，時針則長達17公尺。每到夜晚，就由200萬個LED燈照亮鐘面。

會不會哪天人類蓋的建築物比我飛的高度還高？

麥加皇家鐘面到底有多大？

＊國際標準籃球場是長28公尺寬15公尺，皇家鐘面的面積是籃球場的4.5倍大；是倫敦大笨鐘鐘面的38倍大。

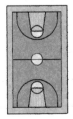

房子蓋在哪裡比較好

台灣島嶼是板塊擠壓的造山運動所形成，地質結構複雜多變，尤其斷層多，容易發生地震。要選擇一個好地方蓋房子，得先好好了解台灣的地質環境。

不適合蓋房子的地方

有活動斷層的地方，容易發生地震。

坡度陡峭的山坡地。地震一來，可能會發生土石崩塌或土石流。

危險的河岸、向源侵蝕的地方。豪大雨一來，可能會發生淹水。

地質結構不良、地質破碎及順向坡可能滑動處，發生豪雨或地震，可能會讓土質鬆動。

⭐ 住家環境大調查

我住在：　　　　　　　　　縣／市　　　　　　　　市／區　　　　　　　　里

房子坐落在 ☐山坡上　☐平地　☐山腳　☐河邊　☐岩壁邊

下豪大雨時 ☐家裡會淹水　☐家裡不會淹水　☐附近會積水　☐附近不會積水

蓋房子要遵守規範

台灣頻頻發生地震的緣故，《建築物耐震設計規範》是由地震學家和工程師根據台灣各地發生地震的頻率、規模等劃出了震區並提供地震係數，供各種建築物設計遵循。基本的耐震標準就是至少要能達到「小震不壞、中震可修、大震不倒」，降低人和物資的損傷。

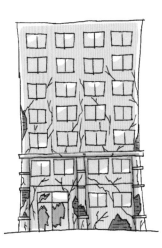

小震不壞

平均每 30 年就會發生一次的最大地震，其強度不會使建築物受損。建築結構在地震過後能夠維持其正常機能。

中震可修

平均每 475 年就會發生一次的最大地震，其強度只會使建築物局部受損，但經過修繕後仍然可以居住。

大震不倒

平均每 2500 年就會發生一次的最大地震，其強度可能使建築物全面受損，但不會倒塌，大樓裡的人仍可逃離大樓。

你住的房子耐震嗎？

　　每當發生地震時，正在房屋中的人若是感受到一陣上下抖動、左右晃動的狀況，一定會內心惶惶不安，擔心房子會不會因此倒塌。不只是摩天大樓會有耐震或是減震的設計，一般建築物在設計時，都必須遵守《建築物耐震設計規範》。你知道房屋的耐震設計有哪些嗎？

建築設計看一看

最好選擇外觀簡單、對稱的建築形式，例如：正方形、長方形、正梯形、圓柱形等；內部結構方面，柱和梁連貫、上下樓層牆壁連貫，而且方向配置平均。這類建築在地震時的振動行為比較單純，沒有特殊弱點。

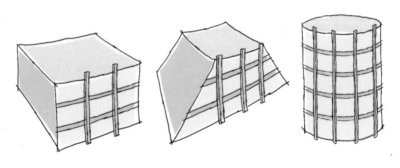

房屋結構看一看

房屋的主要結構，通常是由柱、梁和樓板所構成。柱子支撐了樓板和梁的重量，同時還須抵抗地震力。地表左右搖晃時，基礎帶動柱子跟著左右搖晃。如果地震搖晃過大，柱子的變形量超過所能負荷的範圍，於是柱體破壞。破壞的柱子無法繼續承載樓板重量，房屋便跟著倒塌。

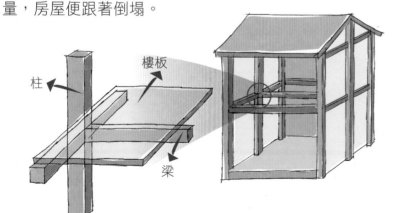

柱

樓板

梁

① 平面圖可以知道家中的隔間裝潢，哪些地方有柱或梁，哪些牆壁是承重牆，
哪些是隔間牆。找出家中的柱子和梁，試著畫出簡單的房屋平面圖。

例如：

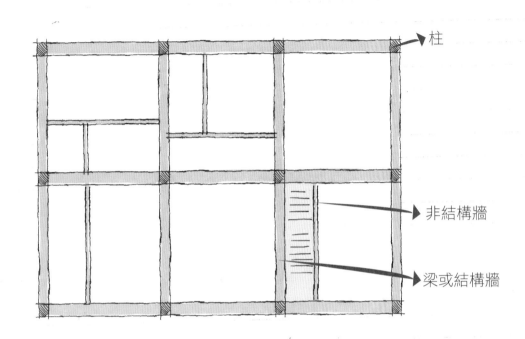

柱

非結構牆

梁或結構牆

② 再仔細檢查家中的柱子，看看柱子上有哪些變化或損壞。拍照或是寫下來。

我想要蓋一間會飛的建築。

這樣就不會受到地震的威脅了。

設計一棟建築

　　你喜歡現在住的房間或是房子嗎？你曾經想過要住在怎樣的房子裡，是像公主住的城堡，還是像科學家的超酷實驗基地？房屋內要怎樣的裝潢或是設備？如果你是建築師，你想要設計一座怎樣的建築呢？

★ 建築名稱：

★ 建築物的用途：

★ 興建地點：

★ 建築物的設計圖：

外觀 ●◆　　　　　　　　　　　　　　　　內部每一層樓的設計 ●◆

★ 建築物的特色：

☆ 我的新聞稿：試著寫下你所設計的建築物的故事，例如為什麼想要建造這棟建築物、想要解決什麼問題、想要給怎樣的人使用等等。或許你也可以蓋一棟比台北 101 還要高的大樓，甚至比目前全世界最高的哈里發塔還要高，但是你要怎麼做呢？

報導標題：_____

_____

_____

_____

_____

發揮創意設計一棟
「未來建築」吧！